Feuereißen · Dampf über Europa West

01 1100
A

Günther Feuereißen

DAMPF ÜBER EUROPA
WEST

fotografiert von Hans Faust
und Herbert Vaupel

Dampflokomotiven im Regel-
und Sonderzugeinsatz auf
den schönsten Strecken Europas

Gondrom

Umschlagseite vorn

Nach einer Idee von Attilio Franco entwickelte Piero Crosti um 1940 einen Wärmetauscher für Dampflokomotiven. Die Italienischen Staatsbahnen ließen daraufhin 94 Maschinen der Reihe 740 umbauen und bezeichneten sie als 743. Das Bild zeigt 743 283 und 740 187 am Südrand der Dolomiten bei Fadalto im März 1977 (HF)

Umschlagseite hinten

In den österreichischen Alpen bei Admont am Ausgang der Gesäuseschlucht beförderte 78 618 einen Sonderzug für Eisenbahnfreunde im August 1988. Die 2'C 2'-gekuppelten Maschinen bekamen wegen ihrer hervorragenden Laufeigenschaften den Spitznamen »Gummiradler« (HF)

Bild auf Seite 2

Der Star unter den deutschen Museumsdampflokomotiven, die dreizylindrige 01 1100, verließ Oppenweiler im Frühjahr 1988 mit einem Sonderzug von Nürnberg nach Stuttgart (HF)

Genehmigte Lizenzausgabe für den Gondrom Verlag GmbH & Co KG, Bindlach, 1989
Lithos: Hofmüller-Repro, Linz
Satz: Fotosatz Schwarzenböck, Hohenlinden
Druck: Zumbrink Druck GmbH, Bad Salzuflen
ISBN 3-8112-0676-1

Inhalt

Zum Geleit

Nach einer herausragenden Blütezeit aller Schienenverkehrsmittel bis in die fünziger Jahre begannen Automobil und Flugzeug einen ruinösen Konkurrenzkampf mit der Bahn in fast allen europäischen Ländern. Die politischen Trennlinien nach dem zweiten Weltkrieg ließen Entwicklungen zwar unterschiedlich schnell ablaufen, doch war die Tendenz einheitlich; die Eisenbahnen mußten modernisieren und rationalisieren, wollten sie einen lohnenden Marktanteil behalten. Schneller, leistungsfähiger, komfortabler hießen die Devisen in den westlichen Ländern, im Osten verließ man sich mehr auf direktive Eingriffe. Die Folgen dieser Bestrebungen und der technischen Neuerungen waren Elektrifizierung und Diesellokbau, das »Opfer« die Dampflokomotive, zum Teil erst vor wenigen Jahren gebaut oder modernisiert.
Das Interesse des Publikums befaßte sich weit mehr mit den Speisekarten im Wagon de Restaurant, als mit den Triebfahrzeugen der Züge. Die schwarzen Giganten, in manchen Ländern waren sie auch elegant grün, kobaltblau oder englischrot, verschwanden von den Schienen. Unbemerkt! Bis es nur noch so wenige gab, daß die Dampflokomotive als Sensation galt. Die Epoche der Museumsbahnen, der dampfbespannten Sonderzüge begann.
Die beiden Fotografen des vorliegenden Bandes, Hans Faust (HF) und Herbert Vaupel (HV), denen wir die meisten Bilder verdanken, waren ständig auf Achse und fuhren tausende Kilometer, um einen repräsentativen Querschnitt des westeuropäischen Dampfgeschehens einzufangen. Einen vollständigen Überblick gestattet der Publikationsumfang nicht, doch hoffen Bildautoren, Herausgeber und Verlag, das Buch möge Anregung sein, den verbliebenen Dampflokomotiven selbst nachzuspüren.

Norwegen

Dem Eisenbahnbau bot dieses langgestreckte, von unzähligen Fjorden unterbrochene, unwirtliche Gebirgsland alles andere als günstige Bedingungen. So gingen die ersten Züge zwischen Oslo und Eidsvoll 1854 auf die Reise; zu einer Zeit, da die meisten europäischen Bahnen bereits zügig ausgebaut wurden. Leitender Ingenieur dieser Pioniertat war Robert Stephenson, ein Sohn des bekannten englischen Eisenbahnvaters George.

Die Norges Statsbaner (NSB) betreiben heute über 4000 km Strecken, wovon die reichliche Hälfte elektrifiziert ist. 3000 Brükken und 800 Tunnel sind beredte Zeugen des schwierigen Baus und Betriebs. Bis auf 1301m Höhe muß die Bergensbahn zwischen Finse und Hallingskeid steigen. Diese Hochgebirgsbahn verbindet Oslo mit Bergen und gilt als eine der bedeutendsten Eisenbahnattraktionen neben der 20km langen Flamsbahn, welche sich von Myrdal zum Aurlandsfjord herunter schlängelt.

Die überwiegend eingleisigen Strecken, der alte Lokomotivpark und die meist in Holzbauweise ausgeführten Wagen waren in den fünfziger Jahren abgewirtschaftet. Man entschloß sich zu neuen Investitionen und gab der Elektrifizierung den Vorrang. Zum 100-jährigen Eisenbahnjubiläum begann ein »Fort mit dem Dampf«-Programm. Nur 13 Jahre später waren die Laufleistungen der Dampflokomotiven auf 3,6% gesunken, die Elloks erledigten zwei Drittel der Arbeit. Zweifellos war das Fehlen eigener Kohlevorkommen der wesentlichste Grund für diese rekordzeitverdächtige Umstellung. Trotzdem besaß die NSB Ende der sechziger Jahre noch 93 Dampflokomotiven, denen nur 31 Streckendieselloks und 163 Elektrolokomotiven gegenüberstanden.

In Krøderen wartet Lok 236 auf ihren Sonderzugeinsatz im August 1980 (HV)

Oslo Hauptbahnhof. BJ 112 und BJ 111 bespannen im August 1980 einen Sonderzug in das 357 km entfernte Göteborg (HV)

Über die Nebenstrecke brachte am 5. August 1980 die 1'D-Lokomotive 236 ihren Sonderzug von Krøderen nach Vikersund. Um für alle Fälle gerüstet zu sein, führte man die Hebezeuge, welche bei einer eventuellen Entgleisung erforderlich sind, gleich auf dem Umlaufblech der Maschine mit (HV)

Schweden

Das zwischen Ostsee und dem Skandinavischen Gebirge eingeschlossene 1570 km lange Land ist am Polarkreis nur sehr dünn besiedelt. Deshalb verbanden die ersten Eisenbahnlinien die Zentren des Südens: Malmö, Göteborg und Stockholm. 1856 beginnend, entstanden nach und nach fast 17000 km Strecken, überwiegend in Normalspur ausgeführt. Zur finnischen Grenze hin gibt es einige Kilometer Breitspur (1524 mm), die Schmalspurweiten betragen 1067 mm oder 891 mm. 95% der Strecken sind im Staatsbesitz und werden von der Statens Järnvägar (SJ) verwaltet und betrieben.

Die sehr unterschiedlichen Landschaftsformen, vom Flachland bis ins Hochgebirge aufsteigend, mit tausenden Seen und zur guten Hälfte bewaldet, zwangen die Eisenbahnpioniere zum Bau von rund 3500 Brücken und 83 Tunnels.

Der Überschuß von durch Wasserkraft produzierter Elektroenergie gab bei der SJ den Anstoß zu frühzeitiger Elektrifizierung. Bereits 1936 gingen zehn Dampfschnellzugmaschinen der Klasse F in dänischen Besitz über. Mitte der sechziger Jahre war die Dampfära praktisch abgeschlossen, doch gab es nie den letzten Dampfzug. Als strategische Reserve hält man noch heute eine unbekannte Anzahl von Dampflokomotiven betriebsbereit. In jedem Winter überraschen Probe- und Ausbildungsfahrten die Eisenbahnfreunde angenehm.

Ein Juwel besonderer Art beherbergt das Betriebswerk Grängesberg: Die wohl einzige auf Dauer befriedigende Dampfturbinenlokomotive entstand 1930 bei Nydquist & Holm in Troll. Die 1'D-Schlepptendermaschine fuhr im Regeldienst vor schweren Erzzügen von Eskilstuna nach Oxelösund. 1936 bekam sie zwei Schwestern, mit denen sie bis 1954 gemeinsam arbeitete.

Den Edsvalla-Viadukt passieren im Juni 1982 BJ 112 und 1138 mit dem Fahrtziel Grängesberg (HV)

Die beträchtliche Steigung bei Djurås bereitet den Lokomotiven 1138 und 1371 am 19. Juni 1982 doch einige Mühe (HV)

Wesentlich leichter hatten es tags zuvor BJ 112 und 1138 auf der ebenen Strecke bei Lödöse mit dem Sonderzug von Göteborg nach Narvik (HV)

Die Bilder dieser Seiten zeigen für Dampflokomotiven unentbehrliche Anlagen. Unten befindet sich Lok 909 auf der Drehscheibe im Bahnbetriebswerk Gällivare-Malmberget, rechts passiert Lok 10 den Wasserturm zu Rättvik. Beide Aufnahmen entstanden im Juni 1982 (HV)

Am 21. Juni 1982 überfahren Lok 10 mit Vorspann 1138 die Angermansälven-Brücke. Wenige Tage später ist die Reihenfolge der Maschinen umgekehrt. Lok 10 führt den Sonderzug in den Bahnhof Lit, den Eingang zum legendären Lappland (HV)

21 21

Nebenstehend verläßt Lok 21 Kristianstad C im August 1980 (HV)

Links unten markieren die beiden Stangen beidseits der Strecke den Polarkreis südlich von Jokkmokk. Die Lokomotiven 909 und 935 befuhren diese Strecke am 27. Juni 1982 (HV)

Die Silhouette der Lokomotiven BJ 112 und 1138 zeigt sich schließlich über dem Byälven, als sie die Drehbrücke in Säffle am 18. Juni 1982 befahren (HV)

Läggesta Östra ist der Ausgangspunkt für eine Reise mit Lok 4 über 600-mm-Schmalspurgleise nach Mariefred zum Schloß Gripsholm (HV)

Die beiden rechten Bilder präsentieren die einzige betriebsfähige Turbinendampflokomotive der Welt. M3t 71 ist in Grängesberg mit zwei weiteren abgestellten Maschinen des gleichen Typs beheimatet. Am 19. Juni 1982 dampfte sie für Eisenbahnfreunde auf der Strecke nach Ludvika (HV)

T. G. O. J.

71
71

Auf der 600-mm-Museumsbahn Bor – Ohs Bruk fährt 99 3310, die einst ihre Laufbahn bei den deutschen Heeresfeldbahnen als 1638 begann, dann den Lettischen Staatsbahnen als ML 631 diente und schließlich bis 1976 bei der Muskauer Waldeisenbahn Kohle- und Tonerdezüge schleppte (HV)

Die beiden anderen Bilder zeigen Lok 17 im August 1980 bei Sölvesborg und vor Näsum in Südschweden (HV)

Bei Middelfart dampft Lok E 991 über die Lille-Belt-Bro im Mai 1980 mit dem Ziel Odense (HV)

Dänemark

Die Hügellandschaft des Inselreiches bot dem Eisenbahnbau günstige Bedingungen, hingegen mußten die zahllosen Fjorde umfahren und die einzelnen Inseln durch Fähren verbunden werden. 1874 begann der Betrieb auf privater Basis zwischen Kopenhagen und Roskilde. Die Danske Statsbaner (DSB) entstanden 1885, als die Bahnen auf Jütland, Fünen und Seeland unter eine gemeinsame Leitung kamen. Das Netz der DSB erreichte seine größte Ausdehnung 1930 mit 2681 km. Den Bau der meisten Nebenbahnen überließ man 48 Privatgesellschaften, deren Strekken bis 1946 auf 2437 km anwuchsen.

Die erste Fährverbindung entstand 1872 über den Kleinen Belt zwischen Jütland und Fünen, 1935 durch die 1135 m lange und 33 m hohe Lille-Belt-Bro ersetzt. Ein wesentlich größeres Hindernis war der 25 km breite Große Belt zwischen Seeland und Fünen, der noch heute mittels leistungsfähiger Fähren überbrückt werden muß. Die Verbindungen mit dem Ausland über Eisenbahntrajekte kamen um die Jahrhundertwende in Gang. Die bedeutendste, verursacht durch die Teilung Deutschlands, ist die 1963 eröffnete »Vogelfluglinie« über Rødby – Puttgarden.

Das Fehlen ausreichender Wasserkraft und damit billiger Elektroenergie, ließen der DSB keine Wahl: verdieseln hieß es ab Mitte der fünfziger Jahre. Immerhin ließ man sich bis 1970 mit der vollständigen Ablösung von Dampflokomotiven Zeit.

Den technischen und optischen Höhepunkt stellten zehn 1936 von Schweden erworbene 2'C 1'-Schnellzugmaschinen dar, denen man in den vierziger Jahren 25 Nachbauten folgen ließ. Einem Wunsch König Frederik IX. folgend, brachten ihn die Lokomotiven 978 und 994 im Januar 1972 zu seiner letzten Ruhestätte.

Im nebenstehenden Bild ist die rasante Maschine der Baureihe E südlich von Skanderborg unterwegs (HV)

Bei Børkop gaben sich am 26. Juni 1984 die Lokomotiven K 564 und E 991 ein Stelldichein vor dem Sonderzug Åarhus - Fredericia - Odense (HV)

Lok HV 3 führt einen Oldtimerzug von Mariager über Handest (nebenstehendes Bild) nach Randers im Mai 1980 (HV)

Die folgende Doppelseite zeigt Lok 34 vor einem historischen Zug von Grønlandshavn nach Ålborg im Juni 1984 (HV)

004

Belgien

Schon wenige Jahre nach Schaffung des Königreiches plante man ein Eisenbahnnetz, beginnend mit der Strecke von Brüssel nach Mechelen, die im Mai 1835 ihren Betrieb aufnahm. Bis 1840 ließ der Staat das »Eisenbahnkreuz« bauen, welches den Handelswegen entsprach und die Verbindungen mit dem Ausland sicherte. Den Ausbau zum dichtesten Netz Europas überließ man anschließend privaten Unternehmen, kaufte sie jedoch ab 1870 schrittweise zurück, teils um Konkursen vorzubeugen, teils um unliebsame Konkurrenten auszuschalten. Mit Gründung der Société Nationale des Chemins de Fer Belges / Nationale Maatschappij van Belgische Spoorwegen (SNCB/NMBS) im Jahre 1926, damals wie heute zweisprachig, endete die Privatbahnära.

Von den einst über 5000 km Strecken werden noch 3900 km befahren, etwa zur Hälfte mit 3000 V-Gleichstrom elektrifiziert. Die angrenzenden Nachbarn Niederlande, Deutschland und Frankreich betreiben ihre Bahnen mit jeweils anderen Stromsystemen, so daß für den Durchgangsverkehr Viersystemlokomotiven in Dienst gestellt werden mußten.

Die technische Seite des belgischen Dampflokomotivbaus prägten zwei Namen von weltweit gutem Klang: Egide Walschaert und Alfred Belpaire. Ersterer erfand 1844 eine neue Lokomotivsteuerung, die wesentlich unkomplizierter und präziser als alle Vorgängerinnen die Dampfzufuhr in den Zylindern regelte. Der Direktor des staatlichen Maschinenparks Belpaire hingegen beschäftigte sich mit der Verfeuerung von Steinkohle statt Koks auf den Lokomotiven. Sein viereckiger Stehkessel mit flacher Decke löste diese Aufgabe glänzend.

Trotz solch großer Erfindungen und der reichen Kohlevorkommen währte der Dampflokeinsatz nur bis Ende 1966.

Das Porträt der Stromlinienlok 12 004 im Bahnhof zu Ypern/Ypres (HV)

Nach Entwürfen von Notesse entstanden 1939 sechs Schnellfahrlokomotiven der Bauart 2'B 1' h2 für leichte Expreßzüge. Ihr Einsatz reichte bis in die sechziger Jahre. Zum 150. Geburtstag der belgischen Eisenbahnen kam 12 004 wieder auf die Beine. Im August 1985 hatte sie einen Sonderzug am Haken auf der Fahrt von Menen/Menin nach Ypern/Ypres und zurück (HV)

29013

Auf den Bildern dieser Seiten erleben wir die amerikanische Kriegslokomotive 29 013 im Einsatz, links mit Sonderzug nach Bastogne Sud bei Remouchamps, nebenstehend in Melreux-Hotton und darunter bei Bourcy. 300 dieser 1'D gekuppelten Universalmaschinen beschafften die Belgischen Staatsbahnen nach dem zweiten Weltkrieg (HV)

№ 3737

Niederlande

Zwischen Amsterdam und Haarlem dampften 1839 die ersten Züge durch das weite ebene Land, initiiert von privaten Unternehmern. Bis zur Jahrhundertwende wuchs das normalspurige Netz auf nahezu 3000 km an. Eine übergreifende Besonderheit der meisten Bahnen war, daß sie vor allem dem Reiseverkehr dienten, der Gütertransport sich jedoch hauptsächlich auf den 6000 km Wasserstraßen abspielte. Dieser speziellen Verkehrsstruktur und der dichten Besiedelung entsprachen auch die unzähligen »Tramlijnen« in verschiedenen Spurweiten, welche die Bahnlinien ergänzten oder gar parallel zu ihnen verliefen.

1938 gingen aus den verbliebenen Privateisenbahngesellschaften die Nederlandse Spoorwegen (NS) hervor. Sie nahm den Traktionswandel schon sehr frühzeitig in Angriff, so daß 1958 die letzte Dampflokomotive ihre Fahrt ins Museum antreten mußte.

Das schnelle Aus für die stomenden Locomotieven mag der Grund für einige Niederländer gewesen sein, knapp zehn Jahre später mit dem Aufbau einer der ersten Museumsbahnen Europas zu beginnen. Die Stoomtram Hoorn – Medemblik (SHM) beherbergt heute sechs betriebsfähige Dampflokomotiven, B- oder C-gekuppelt, und befördert auf der 20 km langen Stammstrecke alljährlich etwa 70 000 Passagiere. Dazu hat sie den Güterverkehr übernommen und fährt viele Züge »gemischt«. Die Museumsbahn hat die Strecke von der NS gemietet, welche für die Unterhaltung aufkommt.

Ein großes Problem aller Museumsbahnen sind die regelmäßig fälligen Revisionen und Reparaturen der Fahrzeuge. Sie beanspruchen erhebliche finanzielle Mittel und eine von versiertem Personal betreute Werkstatt. Letzteres schuf sich die SHM aus eigener Kraft so daß komplette Lokomotivrekonstruktionen gelangen.

Im Bild oben dampft die Kastenlok 2 mit vertikalem Kessel des Museum Buurtspoorweg Enschede, gebaut 1926 bei Cockerill, durch Amersfoort, darunter befördert die Schnellzugmaschine 3737 einen Sonderzug südlich Leusden im September 1981 (HV)

86 457

Deutschland

Im Königreich Bayern gingen 1835 die ersten Züge von Nürnberg nach Fürth auf die Reise. Wenig später dampfte es auch in Preußen und Sachsen. Die Idee eines gesamtdeutschen Eisenbahnnetzes entwickelte Friedrich List in Leipzig, doch mußten diesem Vorhaben erst politische Einigungen der einzelnen Länder vorangehen, war man sich doch anfänglich noch nicht einmal in der Spurweite einig, geschweige denn in anderen Fragen. Ebenso unterschieden sich die Eigentumsformen. Die Vereinigung der Länder zum Kaiserreich war ein quälend langsamer Prozeß, mehr noch die Zusammenfassung der inzwischen meist staatlichen Bahnen zur Deutschen Reichsbahn, die 1920 gelang.
Die Zeit der Einheitslokomotiven war gekommen. Der Name besagt nicht nur, daß gleiche Typen für alle Bahnen beschafft wurden, sondern daß gleiche Bauteile in verschiedenen Reihen zur Anwendung kamen, unabhängig von der herstellenden Lokomotivfabrik. Dieser wesentliche Rationalisierungsschritt war beispielgebend für viele Bahnverwaltungen und ermöglichte den verhältnismäßig langwährenden Dampflokeinsatz.
Nach dem zweiten Weltkrieg barsten die Wege des so mühsam vereinten Eisenbahnnetzes wieder. Der politischen Trennung Europas folgend entstand im Westteil die Deutsche Bundesbahn (DB). Sie verfügte über 30 500 km Strecken und rund 12 000 Dampflokomotiven, zu denen noch einige Neubaumaschinen kamen. Mitte der fünfziger Jahre galten Verdieselungen und Elektrifizierung die Prioritäten. Ab Ende Oktober 1977 zeigten die Signale allen Dampflokomotiven für viele Jahre »Halt«. Nur auf privaten Strecken, innerhalb der neu entstandenen Museen oder im Ausland durften sie weiterfahren. Erst seit dem Jubiläum 1985 veranstaltet die DB wieder dampfgeführte Sonderfahrten.

Jahrelanges Verbot ließ die Hoffnung schwinden, doch ab 1985 dampfte es wieder auf deutschen Gleisen. Der Sonderzug passiert im Februar 1989 das mittelalterliche Berching wie in alten Zeiten (HF)

Im Juli 1985 durcheilte die Museumslokomotive 23 105 Sulzbach-Rosenberg anläßlich eines Jubiläums. Die Firma Jung übergab sie am 4. Dezember 1959 als letzte Dampflok an die Bundesbahn (HF)

Stellvertretend für die einst weit verbreitete Baureihe darf 50 622 wieder im Dienste der DB dampfen. Nebenstehend führt sie am 12. Mai 1988 einen Sonderzug durch Wertheim im romantischen Taubertal (HF)

50 622

012 068-3

Rheine war das letzte Zentrum des regelmäßigen Einsatzes von Dampflokomotiven. Die beiden nebenstehenden Bilder zeigen die Reihen 41 und 01, Computernummern 042 und 012, in der norddeutschen Tiefebene. Juni 1971 (HF)

Rot für Dampflokomotiven zeigten die Signale gegen Ende der siebziger Jahre (HF)

Baureihe 55, ehemals preußische G 8.1. Die letzten ihres einst so weit verbreiteten Stammes versahen Rangierdienste im Raum Köln. Am 2. April 1971 beim Fassen von Vorräten im Heimatbetriebswerk Gremberg (HF)

Schwere Güterzüge beförderte 1971 die Reihe 44 auf der Rampe von Schwäbisch Hall nach Hessental (HF)

Von Neuwied nach Siershahn ist 82 035 am 1. April 1971 unterwegs. Wenig später lösten die alten 94er die Neubauloks wieder ab, die sie eigentlich hatten ersetzen sollen (HF)

Am Bahnübergang bei Eckartshausen läßt der kalte Wintermorgen die Dampffahne noch lange über dem Güterzug von Crailsheim nach Backnang schweben. Ebenso stimmungsvoll schaut die Gegenleistung im Februar 1971 aus (Bild auf der folgenden Doppelseite) (HF)

Personenzüge mit ehemaligen preußischen Lokomotiven bieten die Bilder dieser Seiten. Oben links verläßt 78 246 den Bahnhof Lauffen mit Ziel Rottweil. Darunter überquert eine Tübinger P 8 den Lautlinger Viadukt vor dem Schloß der Grafen von Stauffenberg. Rechts wird das bereifte Schmeiental bei Straßberg auf der Fahrt von Ebingen nach Sigmaringen durcheilt (HF)

Die Neubaumaschinen der Reihen 23 des Bahnbetriebswerkes Crailsheim, Bild unten im Hohenloher Land, und 65 des Betriebswerkes Aschaffenburg, Bild rechts unten in Miltenberg, waren im März 1971 noch in vollem Einsatz (HF)

Blick ins Bahnbetriebswerk Dillenburg im April 1971. Seine 94er waren die letzten ihrer Reihe vor Planreisezügen. Sie bedienten die Strecken nach Wallau und Ewersbach (HF)

10
13

65 001

003 168-2

Länger als geplant mußte das Betriebswerk Ulm seine 03er einsetzen, weil mit anderen Loks die Fahrzeiten einiger Züge nicht eingehalten werden konnten. Stimpfach im Dezember 1971 (HF)

Von Lauda nach Heilbronn zieht 64 136 am 4. August 1971 ihren Personenzug durch Möckmühl (HF)

IGEL GRESLEY
CUMBRIAN COAST
EXPRESS

Großbritannien

Der Inselstaat war ausersehen, das Mutterland der Eisenbahn zu werden. Ende September 1825 brachte eine Dampflokomotive den ersten Zug von Stockton nach Darlington und leitete die Ära ein, deren Ergebnisse heute Shinkansen, HST, TGV oder ICE heißen. Nicht nur die Lokomotive als solche mußte »erfunden« werden, die Pionierleistungen begannen bei den Schienen, der Spurweite, setzten sich über Trassierung und Kunstbauten fort und umschlossen den gesamten Fahrzeugpark. George Stephenson fand für technische Probleme praktikable Lösungen. Er gilt deshalb als Eisenbahnvater schlechthin.

Der reine Privatbahnbau führte zur unkoordinierten Ausdehnung des Streckennetzes. Mehr oder minder parallele Linien jagten sich die Fahrgäste ab. Die Konkurrenz zwischen Ost- und Westküstenbahn führte zu regelrechten Rennen. Nach dem ersten Weltkrieg wurden die Bahnen zu vier großen Unternehmen zusammengefaßt; der Wettkampf ging weiter. In seiner Folge entstanden berühmte Züge wie der »Flying Scotsman« und Superlokomotiven, deren bekannteste Vertreterin die Weltrekordlok MALLARD war. Durch die schlechte wirtschaftliche Situation kam es nach dem zweiten Weltkrieg zur Nationalisierung der Bahn. 1948 entstand British Railways, heute kurz British Rail (BR) genannt. Knapp 30000 km Strecken betrieb sie und schwang sich noch einmal zum Bau von Standard-Dampflokomotiven auf. Wenige Jahre später begannen Fahrdraht- und vor allem Dieselloks ihr Regiment. 1968 dampfte es auf Regelspurgleisen zum letzten Mal.

Der englische Sinn, Großartiges zu bewahren, traf auch auf die Eisenbahn zu. Nirgends sonst in Europa gibt es so viele tadellos erhaltene und betriebsfähige Dampflokomotiven. BR läßt sie ohne wesentliche Einschränkungen auf ihren Gleisen fahren.

Die Fachleute streiten noch immer, welches denn nun der absolute Geschwindigkeitsrekord für Dampflokomotiven war: Einige inoffizielle in den USA, ein offizieller in Deutschland oder die 202,8 km/h der »Mallard« in England!

Eine Schwestermaschine dieser berühmten Rekordlok ist die No. 4498 SIR NIGEL GRESLEY der Klasse A 4 (HV)

Ein Produkt des andauernden Fahrzeitwettstreits zwischen LNER und LMS war die Klasse A 4, eigentlich eine Weiterentwicklung der A 3. Die weitgeschwungene Verkleidung, verbunden mit leistungssteigernden Korrekturen ließen sie letztendlich rekordtauglich werden. Die Maschinen konnten Durchschnittsgeschwindigkeiten von über 160 km/h erreichen. Die Bilder zeigen Lok 60 009 UNION OF SOUTH AFRICA im Bahnhof Stirling und auf der Firth-of-Forth-Brücke (HV)

Am 27. August 1978 ist Lok 60 009 mit einem Sonderzug nach Edinburgh unterwegs. In der Ausfahrt von Aberdeen wird eine Signalbrücke (Gantry) durchfahren (HV)

Recht jung ist die Klasse Standard 4, die erst 1951 auf die Strecke ging. Nebenstehend fährt 75 078 im März 1978 durch Ingrow (HV)

75078
10
G
SC

Eine Schwesterlokomotive der vorangegangenen ist 75 027. Die 2'C h2-Maschine ist auf der Bluebell Railway bei Sheffield Park im Oktober 1974 auf Tour (HV)

Im August 1978 führt 4472 FLYING SCOTSMAN einen Sonderzug bei Kents Bank. Darunter werden die Vorräte im Betriebswerk Carnforth »STEAMTOWN« ergänzt, das eine internationale Fahrzeugsammlung beherbergt.
Die Maschine ist sicher eine der weitestgereisten Dampfloks der Welt. Sie bespannte bereits Züge in den USA und in Australien (HV)

L N E R
4472

4472
L N E R

6000 KING GEORGE V., eine 2'C h4-Maschine von 1925, beförderte am 26. April 1975 einen Zug nördlich Hereford nach Chester. Am gleichen Tag war 35 028 CLAN LINE, Bauart 2'C 1' h3, von Shrewsbury nach Newport bei Leominster unterwegs (HV)

THE MAYFLOWER
35028

Im März 1978 durcheilte die 1'C 1' h3 4771 GREEN ARROW eine Straßenbrücke unweit Appleby (HV)

In Aberystwyth bot sich dieses »Doppelporträt« der 600-mm-Schmalspurlok 7 OWAIN GLYNDWR. Von hier nach Devil's Bridge führt die einzige Strecke mit Regeldampfbetrieb der British Rail (HV)

Die Ffestiniog Railway von Porthmadoc nach Dduallt bot 1978 interessante Lokomotiven auf 600 mm Spurweite in Aktion. Unten die Satteltankmaschine BLANCHE und daneben die Fairlielok MERDDIN EMRYS (HV)

Auf der folgenden Doppelseite bannte Sabine Malkmes die Ausfahrt zweier Satteltankmaschinen aus Haverthwaite am 7. Februar 1978 auf den Film (Sammlung HV)

Frankreich

Das Land, in dem der erste Dampfzug 1832 von Lyon nach St. Etienne rollte, hatte schon sehr früh seine nationalstaatliche Existenz mit deutlicher Zentralisierung auf Paris gefunden. Dem entsprach das durch Privatgesellschaften errichtete Eisenbahnnetz. Zwar griff der Staat immer wieder in die Organisationsformen ein, doch blieb das Privatbahnsystem bis 1937 erhalten. Die Überschuldung der Gesellschaften führte dann zur Gründung des nationalen Unternehmens Société Nationale des Chemins de fer Francais (SNCF), in das der Staat 51% des Kapitals einbrachte. Trotz zahlloser Streckenstillegungen in den vergangenen Jahrzehnten bestehen noch immer knapp 35000 km Schienenwege.

Frankreich ist die klassische Heimat dampfgetriebener Schnellzugmaschinen mit vierzylindrigen Triebwerken. Markenzeichen und zugleich Geheimnis ihrer Leistungsfähigkeit war die »innere Stromlinienform«, die ihnen ihr genialer Schöpfer André Chapelon verlieh.

Die Lücken des zweiten Weltkrieges füllten nordamerikanische Hersteller, welche der SNCF über 700 1'D 1' h2-Lokomotiven des Typs 141 R lieferten. Die kraftstrotzenden Kohlefresser bewährten sich vor schwersten Güterzügen ebenso wie im Expreßzugeinsatz. Die unkomplizierten Riesen aus der neuen Welt drückten in den sechziger Jahren die aristokratischen Chapelon-Lokomotiven an die Wand; einige Exemplare sind im Eisenbahnmuseum von Mülhausen erhalten.

Auf rund 35 Museumsbahnen dampft es derzeit gelegentlich. Eine der ersten war die Waldbahn Abreshviller – Grand Soldat, die großartigste führt durch die gewaltigen Schluchten im Vivarais von Tournon nach Lamastre. Sie ist ein Rest des ehemals dichten Netzes privater Schmalspurbahnen.

1000-mm-Museumsbahn Tournon – Lamastre: Nebenstehend windet sich die Strecke vor Colombier-le-Vieux dem Doux entlang, die folgende Doppelseite zeigt einen weiteren Blick in die Schluchten des Vivarais (HF)

404

Die Attraktion sind drei farbenprächtige C'C Malletloks, welche die Hauptlast des Verkehrs auf der 33 km langen Strecke bewältigen. Lok 403 entstand 1902 bei SLM Winterthur, 413 und 414 1931 bei Graffenstaden (HF)

Typisch zentralfranzösische Architektur begleitet die Strecke direkt am 45. Breitengrad, dem »Tor zum Süden« (HF)

Auf dem Reststück des ehemalig ausgedehnten Netzes der Chemin de Fer du Vivarais verkehren von März bis Oktober Dampfzüge, von Juni bis August sogar täglich (HF)

1972 waren die 1945 bis 1947 für Frankreich gebauten amerikanischen Zweizylinderloks der Klasse 141 R noch im Einsatz. Über 700 Maschinen dieser Universaltype stellten nach dem Kriege das Rückgrat der SNCF dar. Im Bild links oben durchquert ein Expreßzug die Weinberge des Languedoc, darunter schlängelt sich der Train de Marchandises an der Felsenküste der Côte Vermeille entlang, und rechts schließlich werfen wir einen Blick in das Depot von Cerbère (HF)

BUCHDRUCKEREI

Schweiz

Der erste Zug auf schweizer Territorium war ein französischer. Er befuhr 1844 den 2 km langen eidgenössischen Anteil der Linie von Basel ins Elsaß. Erst drei Jahre später fand mit der Eröffnung der Relation Zürich - Baden der rein schweizerische Einstieg in den Kreis der Eisenbahnnationen statt.

Heute umfaßt das Normalspurnetz etwa 3600 km, dazu kommen 1340 km Schmalspurgleise. Der Betrieb wird von den Schweizer Bundesbahnen (SBB) und nicht weniger als 70 Privatgesellschaften abgewickelt. Die frühzeitige Elektrifizierung sorgte bereits 1917 für das Ende der Dampflokbeschaffung. Nach deren Abschluß 1960, nur die Verbindung Etzwilen - Singen ist bis heute ohne Fahrdraht, verblieb den Dampfloks der Rangierdienst besonders in Grenzbahnhöfen. Die meisten hatten ein Schattendasein als fahrdrahtunabhängige Reserve zu führen. Das endgültige Aus kam 1968. Seit 1972 sind die fünf betriebsfähigen Museumsloks der SBB bei wenigen Sonderfahrteinsätzen zu sehen.

Auch die Privatbahnen verabschiedeten sich Mitte der sechziger Jahre vom aktiven Dampfbetrieb. Einige besitzen aber noch Loks, um dem Trend zu Nostalgiezügen entgegenzukommen.

Besonders erwähnenswert ist die Brienz-Rothorn-Zahnradbahn (BRB). Sie ist die einzige, welche zumindest in der Sommersaison täglich Dampflokomotiven einsetzt. Galt früher die Bahn als Beförderungsmittel schlechthin, so ist heute oft die Zugfahrt das eigentliche Reiseziel. Dies drückt sich in der deutlichen Bevorzugung der dampfgeschobenen Züge gegenüber den Dieseltriebwagen aus. Die BRB entsprach 1988 zusammen mit Schaf- und Schneebergbahn der ÖBB diesem Verlangen und verhandelte mit der Schweizerischen Lokomotiv- und Maschinenfabrik Winterthur über den Neubau von 15 Dampflokomotiven.

Für gelegentliche Fahrten läßt es die Rhätische Bahn immer wieder einmal dampfen. Nebenstehend leistet Lok 108 ihrer Schwester 107 Vorspann in Klosters am 2. Oktober 1977.
Auf der folgenden Doppelseite präsentiert sich neben der »Hippschen Wendescheibe«, einem alten Formsignal der RhB, das berühmte Langwasser-Viadukt bei Filisur (HF)

Sonderzug am 19. September 1982 vor der Kulisse von Trun unter dem gewaltigen Massiv des Tödi (HF)

Tief eingeschnitten in der Rheinschlucht verläuft die Bahnlinie von Reichenau nach Disentis (HF)

Gemeinsam geht es besser! Die beiden Schlepptenderloks der RhB im Prätigau zwischen Landquart und Klosters im Oktober 1977 (HF)

Was sucht der wohl auf meiner Wiese? Die Brienz-Rothorn-Zahnradbahn hat sieben Dampf- und drei Diesellokomotiven. Bald sollen Neubaudampfloks hinzukommen! Bei großem Publikumsandrang wird im Pulk gefahren, d.h. mehrere Züge folgen einander in Sichtweite (HF)

5
BRB

Am 25. April 1987 brachte die Museumslok der Schweizer Bundesbahnen B 3/4 1367 aus dem Jahre 1916 einen Sonderzug über die Rheinbrücke bei Stein nach Singen (HF)

Österreich

Nach dem Ende der napoleonischen Kriege war das Territorium des Vielvölkerstaates mehrfachen Änderungen unterworfen, so daß sich die folgenden Betrachtungen nur auf das heutige Staatsgebiet beschränken können, obwohl der Lokomotivpark diese unterschiedlichen Einflüsse wiederspiegelt.

Die normalspurige Dampftraktion endete 1978 in Deutsch-Wagram mit dem »Ausblasen« der letzten Maschine. Eine symbolische Geste; der erste Dampfzug war 1837 von Floridsdorf dorthin gefahren. Den Anfängen staatlichen Eisenbahnbaus folgten private Gesellschaften, bis 1884 die Kaiserlich-königliche österreichische Staatsbahn den Betrieb übernahm. Politische Änderungen verursachten wiederholt neue Organisationsformen. 1947 entstanden die Österreichischen Bundesbahnen (ÖBB) mit einer Betriebslänge von knapp 6000 km.

Ein wesentlicher Markstein im Gebirgsbahnbau war 1854 die Eröffnung der Strecke über den Semmering, Anlaß für einen Wettbewerb, der die leistungsfähigste Steilstreckenlokomotive zum Ziel hatte. Untrennbar mit dem Bau solcher Maschinen ist Louis Adolf Gölsdorf verbunden. Er konstruierte unter anderem einen Achtkuppler. Sein Sohn Karl wendete dann erfolgreich seitenverschiebbare Radsätze an und entwarf eine Reihe hervorragender Lokomotiven. Zu ihnen gehört die Reihe 100 mit ihren 1'F 1h4v-Maschinen. 15 Jahre später entstand nach Berechnungen von Adolph Giesl-Gieslingen die 1'D 2' h2-Schnellzugbaureihe 214. Superlative des Dampflokbaus gab es noch einmal 1941, als die beiden stärksten Zahnradlokomotiven der Welt ihren allerdings glücklosen Betrieb auf der Erzbergbahn aufnahmen.

Einigen Museumslokomotiven stehen heute Schmalspurbahnen mit saisonalem Dampfbetrieb und die Zahnradbahnen zur Seite.

Am Achensee wartet die 1889 (!) bei Floridsdorf gebaute Zahnradmaschine auf Fahrgäste aus dem Schiff (HF)

Auf 760-mm-Gleisen bewegen sich die Schmalspurzüge dieser Seiten. Unten wartet die D 2-Stütztenderlok in Heidenreichstein auf die Rückfahrt durch das romantische Waldviertel. Rechts dampft Lok 3 Tirol der Zillertalbahn bei Straß an den Wänden des Rofan-Gebirges vorbei. Beide Bilder entstanden im Sommer 1987 (HF)

33.132 und 93.1378 mit Sonderzug von Villach nach Klagenfurt auf dem Rosenbach-Viadukt am 28. Juli 1987 (HF)

167 Maschinen der Reihe 378, heute 93, kamen von 1927 bis 1931 auf österreichische Strecken. Die überaus erfolgreichen 1'D 1' h2-Maschinen versahen bis 1982 aktiven Dienst. Im Bild fährt 93.1378 über die Stichbahn von Hüttenberg nach St. Veit a.d. Glan (HF)

Durch die Wachau rollte im Mai 1988 der Museumsstar 310.23 des Baujahres 1911. 90 Maschinen dieses 1'C 2' h4v-Typs wurden einst für die Flachlandstrecken der Österreichisch-Ungarischen Donaumonarchie in Dienst gestellt. Gölsdorfs große Schnellzuglokomotivschöpfung war vor vielen internationalen Zügen zu sehen, so dem Orient-Ostende-Expreß und dem St. Petersburg-Nizza-Cannes-Expreß. Von den durch die ČSD übernommenen 35 Lokomotiven blieb 375.007 im Technischen Museum zu Prag erhalten (GUF)

Restaurationsaufenthalt für 77 253 im Heizhaus Wien Ost (HF)

Das Heizhaus Wien-Franz-Josefs-Bahnhof beherbergte 1971 die 1A1 n2-Lokomotive 12.02. Sie entstand 1937 aus der 97.152, einem C-Kuppler. Die Maschine war zusammen mit einer Schwester für den Schnellzugverkehr von Wien nach St. Pölten bestimmt, jedoch bei Indienststellung schon durch Dampftriebwagen überflüssig geworden (HF)

Parallel und bis auf die beiden Laufachsen weitgehend identisch mit der Reihe 378 wurden 1926/27 50 Maschinen der Bauart D h2t, Reihe 478, heute 392, für den Verschiebedienst beschafft. Überwiegend auf den Wiener Rangierbahnhöfen eingesetzt, konnten sie sich bis 1972 im Betrieb halten (HF)

ÖBB
69.02

ÖBB
392.2529

Durchs einsame Waldviertel zuckelt am
1. November 1973 der Mittagszug mit seiner
93er an Lugendorf vorbei (HF)

Endstation der Reise: Martinsberg-Gutenbrunn im Juni 1973 (HF)

Werkverkehr mit einem C-Kuppler auf dem Zweispurgleis der Schöller-Bleckmann Stahlwerke in Mürzzuschlag im Juni 1971 (HF)

Heizhaus Mürzzuschlag im Juli 1971. Auf der Strecke nach Neuberg finden die letzten Einsätze der 91er statt (HF)

Die folgende Doppelseite zeigt Motive der berühmten Erzbergbahn. Links mühen sich die Zahnradlokomotiven der Reihe 97 im August 1968 mit einem Leerzug Richtung Präbichl ab, rechts fassen sie in Glaslbremse Wasser (HF)

Portugal

Erst 1856 hielt zwischen Lissabon und Carregado der stählerne Verkehrsweg Einzug im Westteil der iberischen Halbinsel. Seit 1870 besteht Verbindung zum spanischen Eisenbahnnetz. Die verschiedenen privaten Gesellschaften wurden 1947 zur Companhia dos Caminhos de Ferro Portugueses (CP) vereint. In privaten Händen verblieb die Estoril-Bahn von Lissabon nach Cascais. 2830 km Breitspur, mit 1676 mm die breiteste Eisenbahnspur der Welt überhaupt, und 759 km Meterspur gehören zu dem weitmaschigen Netz der CP. Nur 5% sind elektrifiziert.

Einen Beweis seines Könnens hinterließ Alexandre Gustave Eiffel am Douro-Fluß in Porto mit seinem berühmten Maria Pia-Viadukt.

Bis Mitte der siebziger Jahre reichte der Dampflokeinsatz auf Breitspurgleisen. Er bot bis zuletzt ein museales Bild unterschiedlichster Typen, häufig in deutschen Lokomotivfabriken entstanden. Zu ihnen gehörten 2'C 1'-Schnellzugmaschinen und 1'D 2'-Tenderloks von Henschel ebenso wie 2'C-Vierzylinder-Verbundlokomotiven von Borsig. Vielfältig und teils noch älter waren die Maschinen auf den Schmalspurstrecken in den wildromantischen Seitentälern des Douro und im Vorortverkehr von Porto. Vom leichten B-Kuppler bis zur schweren (1'B)C-Mallet reichten die Bauarten. Henschel und Kessler/Esslingen waren die Urheber der meisten Maschinen.

Von einstmals 81 Lokomotiven gab es 1977 noch etwa 40, die nun nach und nach Triebwagen und Dieselloks Platz machen mußten. Der letzte portugiesische Dampfzug fuhr Ende Juli 1986.

Heute sind Dampflokomotiven nur noch in den Eisenbahnmuseen Lousado, Macinhata d. V., Arco de Baúlhe, Chaves, Bragança oder anläßlich alljährlicher Feste in Amarante zu bewundern.

Die gewaltige Tuaschlucht kurz vor ihrer Mündung ins Dourotal (HF)

Auf der Linha do Tua zwischen Mirandela und Bragança ist am 3. August 1977 die B'B Mallet E 163 (Henschel 1908) auf großer Fahrt (HF)

Im Bahnhof Tua, im Tal des Douro, wartet im August 1977 neben E 163 die C-Rangierlok E 55 (Kessler 1889) (HF)

Kurz vor der Endstation Bragança an der spanischen Grenze ist dieser imposante Viadukt zu überfahren (HF)

Auf der Fahrt nach Regua am 31. Juli 1977
muß sich E 215 zunächst durch die Straßen
von Vila Real bemühen (HF)

Die beiden den Zug von Chaves nach Vila Real bespannenden (1'B)C-Mallets sind 1923 von Henschel gebaut worden (HF)

Endstation Bragança am 3. August 1977. Die B'B-Mallet (Henschel 1908) muß vier Stunden auf die Rückfahrt warten. Zeit für Reisende und Personal, sich im schmucken Bahnhof nach einem Imbiß umzusehen (HF)

Das letzte Aufgebot der CP im Einsatz auf der Linha do Tua ist die 1'C-Lok E 111, 1904 von Kessler geliefert (HF)

Durch fruchtbares Bergland rollt am 30. Juli 1977 der »Schmalspurexpreß« die Linha do Corgo von Chaves hinunter nach Regua (HF)

Nur einmal wöchentlich verkehrte der Güterzug im Sommer 1977 von Duas Igrejas nach Pocinho. Die (1'B)C-Mallet E 181 (Henschel 1923) ist eine der beiden größten Schmalspurloks der CP

INI

Spanien

Der erste Zug fuhr im Oktober 1848 von Barcelona nach Mataro. Man entschied sich für eine Spurweite von zwei kastilianischen Ellen (1674 mm), obwohl die meisten europäischen Bahnen die englische »Kutschenspur« (1435 mm) bevorzugten. Diese Tatsache komplizierte nach Berührung der Netze den Wagenübergang zu Frankreich ungemein und ist heute Anlaß für Umspurpläne.

Die durch den Bürgerkrieg schwer geschädigten Privatbahngesellschaften schlossen sich 1941 zur staatlichen Red Nacional de los Ferrocarriles Españoles (RENFE) zusammen. Unter ihrer Regie wurden noch einige Hauptlinien fertiggestellt, so nach 40-jähriger Bauzeit 1968 die Direktverbindung Madrid – Burgos. Das Streckennetz umfaßt seither rund 13 500 km.

Die breite Spur und teilweise sehr ungünstige Streckenprofile waren ausschlaggebend für die Beschaffung herausragender Dampflokomotiven. Dazu zählen die 2'C 1'+1'C 2'-Garratt-Schnellzugmaschinen und ihre kleineren 1'D 1'+1'D 1'-Güterzugschwestern, deren Eignung anscheinend so gut war, daß die RENFE 1960/61 (!) weitere zehn Exemplare in Dienst stellte. Nach einer grundlegenden Aufarbeitung steht 282 F 0421 heute für Nostalgiefahrten zur Verfügung.

1955/56 baute Maquinista zehn 2'D 2'-Schnellzuglokomotiven. Sie führten eine Flotte über 200 t schwerer Riesen an, zu denen noch 57 2'D 1'-Maschinen und 20 1'E 1'-Güterzuglokomotiven gehörten. Den Abschluß der spanischen Dampfära bildeten 242 Loks der Klasse 141 F.

Der Hochblüte des Dampflokbetriebes folgte das abrupte Ende. Zwischen 1966 und 1973 musterte die RENFE 2700 Maschinen aus. Ein trauriger Rekord, dem nur die private 1000-mm-Kohlebahn von Ponferrada nach Villablino (PV) entging.

Auf einer privaten Kohlebahn in breiter Spur von Escatron nach Andorra ist die 2'D 2'-Tenderlokomotive deutscher Konstruktion am 27. Juli 1977 unterwegs (HF)

Nicht im »Wilden Westen«, sondern südlich von Zaragoza im nordspanischen Kohlerevier bei Andorra spielt sich diese Rangierszene am 28. Juli 1977 ab (HF)

Mit zwei Loks 141 F geht es zügig durchs spanische Hochland bei Tafalla im Mai 1972

Sonntägliche Ruhe im Deposito von Soria. Selbst an Werktagen hatten die hier versammelten 141 F im Sommer 1972 nur noch wenig zu tun. Die Dampfära ging in Spanien dem Ende entgegen (HF)

Auf den beiden folgenden Seiten sind die Maschinen der Klasse 141 F des Deposito Castejon de Ebro vor einem Tren Correo (Postzug mit Personenbeförderung) im Einsatz. Dabei durchquert die Strecke Pamplona - Zaragoza bei Noain einen gewaltigen Aquädukt (HF)

Der PV im Norden Spaniens sind die letzten Bilder dieses Kapitels gewidmet. Die 1'C 1'-Lok vor dem Kohlezug wurde 1919 von Baldwin in Philadelphia erbaut (HF)

Sicher ist sicher! Dampf »kochen« im August 1972 vor einem Tunnel in der Steigung (HF)

Durch die wildromantische Landschaft der Cordillera Cantabrica entlang dem Rio Sil führt die Strecke von Ponferrada nach Villablino (HF)

UOMINI
FC
358
72

Italien

Das Eisenbahnzeitalter begann auf der vom Mittelmeer umschlossenen Apenninenhalbinsel im Oktober 1839 mit der Streckeneröffnung Neapel – Granatello in Portici. Von den wichtigsten im Laufe der Jahre entstandenen Eisenbahngesellschaften übernahm 1905 der Staat die Verwaltung eines etwa 15 000 km umfassenden Netzes und gründete die Ferrovie dello Stato (FS). Darüber hinaus gibt es noch heute zahlreiche Privatbahnen.

Kennzeichen italienischen Dampflokomotivbaus war eine schlichte und sachliche Eleganz, typische Gemeinsamkeit die Carrello Italiano genannte Lenkgestellkombination von Laufrad und erster Kuppelachse, häufig die innerhalb einer Baureihe anzutreffende Ausführung mit Heusinger-Steuerung neben solcher mit Caprotti-Ventilsteuerung. Als Folge der 1902 beginnenden Elektrifizierung endete der Dampflokomotivbau 1930. Danach lieferte Italien mit der Einführung der Rauchgasvorwärmung nach Franco-Crosti noch einen wesentlichen Beitrag zur Weiterentwicklung der Dampflokomotive. Ab 1941 baute man zahlreiche Maschinen auf dieses System um und leitete eine neue Blütezeit der Dampftraktion ein.

Während sich bei anderen Staatsbahnen der Traktionswechsel im wesentlichen auf 10 bis 15 Jahre konzentrierte, währt er bei der FS noch immer an. Mitte der sechziger Jahre versahen knapp 1000 Maschinen Dienste, 10 Jahre später etwa 300. Freilich war die durchschnittliche Laufleistung auf 13 km pro Tag gesunken. Gegen Ende der achtziger Jahre hielt die FS noch 40 Dampflokomotiven dienstbereit und setzte sie hin und wieder ein. Diese »eiserne Reserve« umfaßt sechs Baureihen, alle im unkomplizierten Originalzustand, die sich auf mehrere Betriebswerke verteilten. Die sonst übliche, Kosten, Personal und Anlagen sparende Konzentration blieb aus.

D-gekuppelte 950-mm-Privatbahnlok 358 der Ferrovie Calabro-Lucane (FCL) vor der mit einer Normannenfestung gekrönten Kulisse von Morano Calabro am 5. Juli 1977 (HF)

Arbeits- und Wasserzug der FCL in einer der wilden Schluchten Kalabriens (HF)

Die folgende Doppelseite zeigt weitere Motive der Schmalspurbahn von Castrovillari nach Bivio Latronica im Sommer 1977 (HF)

625 165

Im Deposito locomotive von Ancona wartet im April 1977 die Personenzuglokomotive der Reihe 625 neben einer 740er-Güterzugmaschine auf Arbeit. Der Schneepflug im warmen Italien weist auf gelegentlich harten Apennineneinsatz hin (HF)

740 187 führt am 27. März 1977 ihren Zug bei Feltre in den Alpi Venete (HF)

Aus der deutschen Lokomotivfabrik Schwartzkopff stammt die elegante Reihe 640. Im April 1977 rollt die 1'C-gekuppelte Lok 640 003 des Baujahres 1907 durch das Aostatal am Fuße des Mont Blanc (HF)

Während des ersten Weltkrieges entstanden bei Breda in Mailand die Güterzuglokomotiven der Reihe 740. Im Piavetal waren die Maschinen 1977 eine Ausnahme. Das Bild entstand in Santa Giustina (HF)

740 187

Nebenstehend befindet sich die 950-mm-Lokomotive 302 005 der Italienischen Staatsbahn im Juli 1977 kurz vor Menfi auf der Fahrt nach Castelvetrano. Im Hintergrund dieser sizilianischen Szene das Mittelmeer (HF)

Seit mehr als 2000 Jahren brennt die unbarmherzige Sonne Siziliens auf den Hera-Tempel von Selinunte. Die letzten paar Jahre störte zwar der Qualm einiger Schmalspurzüge von Agrigento nach Castelvetrano, doch auch dieser Spuk ist bereits Vergangenheit (HF)

Sizilianischer Frühling 1977 (HF)

940 004 quert im April 1977 diesen kleinen Viadukt bei Campo di Giove mit Ziel Castel di Sangro (HF)

Mit dem Güterzug von Faenza nach Marradi ist am 9. April 1977 940 003 unterwegs. Die Geburtsstunde beider Lokomotiven schlug 1922 bei Officine Meccaniche in Neapel (HF)

Die Bilder dieser Seiten zeigen das Gespann 743 283 und 740 187 am Lago di Santa Croce (links) und bei Belluno im März 1977 (HF)

Rangierszenen in Sulmona am 3. April 1977 mit 835 092, Baujahr 1906 (HF)

1977 gab es noch den Zahnradabschnitt zwischen Rende und San Fili der Strecke Paola – Cosenza. Neben Dieseltriebwagen schob die Reihe 981 Züge über das Küstengebirge. Heute rollt alles durch einen Basistunnel. Das nebenstehende Bild zeigt die Einfahrt in Rende, auf der folgenden Seite befindet sich der gleiche Zug kurz vor dem Scheiteltunnel bei San Fili (HF)

981 005